全国职业院校烹饪专业教材

烹饪美学习题册

杨婕沂　主编

中国劳动社会保障出版社

简　介

本书为全国职业院校烹饪专业教材《烹饪美学》的配套习题册。本书题型设计多样，包括填空题、选择题、判断题、名词解释、简答题、论述题、实训题等，力求充分体现教材的重点和难点，反映实际工作中将接触的具体问题，使学生能够掌握有关知识和原理，并具有解决实际问题的能力。

本书由杨婕沂任主编。

图书在版编目（CIP）数据

烹饪美学习题册 / 杨婕沂主编 . -- 北京：中国劳动社会保障出版社，2022

全国职业院校烹饪专业教材

ISBN 978-7-5167-5230-2

Ⅰ.①烹…　Ⅱ.①杨…　Ⅲ.①烹饪 - 美学 - 中等专业学校 - 习题集　Ⅳ.①TS972.11-44

中国版本图书馆 CIP 数据核字（2022）第 037528 号

中国劳动社会保障出版社出版发行

（北京市惠新东街 1 号　邮政编码：100029）

*

北京市科星印刷有限责任公司印刷装订　　　新华书店经销

787 毫米 × 1092 毫米　16 开本　1.75 印张　29 千字

2022 年 3 月第 1 版　　2024 年 2 月第 4 次印刷

定价：4.00 元

营销中心电话：400-606-6496

出版社网址：http://www.class.com.cn

http://jg.class.com.cn

目　录

第一章　美学与烹饪美学概述……………………………………………… 001

第二章　烹饪与色彩………………………………………………………… 004

第三章　烹饪图案的形式美与构图………………………………………… 009

第四章　菜点造型艺术……………………………………………………… 016

第五章　饮食器具美学……………………………………………………… 021

第一章　美学与烹饪美学概述

一、填空题

1. 美包括自然美和＿＿＿＿＿。

2. 美学是研究美、＿＿＿＿＿和＿＿＿＿＿的一般规律的科学。

3.《现代汉语词典》将“美”解释为＿＿＿＿＿。

4. 从本质上看，美是＿＿＿＿＿可感的形象，美是能娱悦身心的形象，美是反映人的智慧和＿＿＿＿＿的形象。

5. 音乐、舞蹈、戏剧、电影、绘画、雕刻等，只有通过鲜明生动的＿＿＿＿＿才能使人感受到美的意境。

6. 世界上的美千姿百态，但归根结底只有＿＿＿＿＿和＿＿＿＿＿两种形式。只有二者统一，才是真正的美。

7. 美的形式分为＿＿＿＿＿和＿＿＿＿＿两种。

8. 烹饪美学是研究人在烹饪活动过程中＿＿＿＿＿的特征和规律的科学。

二、单项选择题

1. 美存在于生产劳动、科学实验、社会活动及人们的日常生活里，凡是积极、健康、以人为本、有助于社会进步的社会行为，都具有社会美。这是美的（　　）。

A. 形象性　　B. 多样性　　C. 功利性　　D. 普遍性

2. 人们生活在一个有形、有声、有色的世界，各种各样的美都以一定的形象向人们展示其客观存在。这是美的（　　）。

A. 形象性　　B. 多样性　　C. 功利性　　D. 普遍性

3. 美对人类有用、有利、有益，既有物质实用性，又能娱悦人的精神。随着社会的不断发展，劳动产品越来越丰富多彩，人们对劳动产品的需求也越来越高，在注重实用性的同时，也注重审美需求。这是美的（　　）。

A. 形象性　　B. 多样性　　C. 功利性　　D. 普遍性

4. 任何事物的美，都要通过一定的色彩、声音、形状等美的形式表现出来。如果离开了绚丽多样的色彩、舒心悦耳的声音、生动流畅的线条，美也就无法存在。这是美的（　　）。

A. 内在形式　　B. 外在形式　　C. 具体表现　　D. 统一形式

5. 烹饪美学最大的特点是综合性和（　　）。

A. 多样性　　B. 艺术性　　C. 实用性　　D. 可塑性

三、判断题

1. 美的事物总是内容美和形式美的统一，内容是为形式服务的。（　　）

2. 人们常常可以忽略美的内容，把形式美作为独立的审美对象，这是因为美的事物往往是内容胜于形式。（　　）

3. 烹饪美学的宗旨是，以欣赏促食欲，使食者在获得美的视觉享受的同时，提升美的味觉享受。（　　）

4. 春秋战国时期，人们对菜肴造型就有了审美需求。孟子提出了“割不正不食”的标准。（　　）

5. 美的形象不能反映人的智慧和力量。（　　）

6. 快感是一种简单的、动物性的生理反应，也是一种美感。（　　）

7. 美感是一种独特的、具体的心灵感受。（　　）

8. 形式美就是某一事物能够引起人们愉悦心情的感性形式。（　　）

9. 奔腾的江水、巍峨的山峰、精致的家具所呈现的美属于自然美。（　　）

10. 美术、戏剧、音乐、舞蹈所呈现的美属于文艺美。（　　）

四、名词解释

1. 美学

2. 烹饪美学的综合性

五、简答题

1. 烹饪美学的实用性是指什么?

2. 烹饪美学的研究对象与范围是什么?

六、论述题

试述学习烹饪美学的意义和作用。

第二章　烹饪与色彩

一、填空题

1. 菜肴的色彩不仅可以满足人们的食欲，而且可以给人以__________统一的特殊享受。

2. 烹饪色彩的美体现了烹饪文化的__________特征。

3. 色彩构成是艺术设计的基础理论之一，它与__________及__________有着不可分割的联系。

4. 色彩不能脱离形体、__________、__________、__________、肌理等独立存在。

5. 红、橙、黄等颜色往往给人热烈、兴奋、热情、温和的感觉，所以它们被称为__________。

6. 凡是以色彩为重要表现手段的艺术品，都必须通过__________形成一定的__________。

7. 实践证明，凡结构细密、质地软嫩的禽畜类原料，熟后都可变为不同程度的__________色。

8. 烹饪色彩中常用的色剂有黄色剂、__________、__________、红色剂、绿色剂等。

9. 绿色是一种对人的眼睛有益的色彩，属中性偏__________，给人以__________的感觉，能刺激人们的食欲。

10. 明度指色彩的__________程度，明度会影响__________。

二、单项选择题

1. 色彩的三要素不包括（　　）。

A. 明度　　B. 锐度　　C. 色相　　D. 纯度

2. 给人以凉爽、开阔、通透的感觉，被称为冷色的是（　　）、蓝、紫等颜色。

A. 绿　　B. 粉　　C. 橙　　D. 青

3. 下列颜色中，属食欲色，给人以甜美、厚重和味道浓郁的味觉感受，能使人心情愉悦的是（　　）。

A. 红　　B. 绿　　C. 紫　　D. 蓝

4. 同类色配合即色系相同、(　　) 不同的色彩的配合。

A. 纯度　　B. 对比度　　C. 明度　　D. 冷暖度

5. 补色配合即两个相对的颜色的配合，如红与绿、蓝与橙、黄与紫、黑与白的配合。其中，(　　) 的配合是永远的经典。

A. 红与绿　　B. 蓝与橙　　C. 黄与紫　　D. 黑与白

6. 烹饪色彩除了对视觉环境产生影响外，还对人的情绪、食欲、心理、(　　) 产生刺激，从而直接影响人的就餐效率。

A. 嗅觉　　B. 听觉　　C. 触觉　　D. 痛觉

三、判断题

1. 近似色配合即两个比较接近的颜色的配合，如红色与橙红色或紫红色相配，黄色与草绿色或橙黄色相配。(　　)

2. 中国烹饪历来注重色彩鲜明、和谐悦目，讲究色彩搭配。菜肴的色彩对人的味觉和心理的影响，是通过人的视觉器官感受到色彩后产生有意识或潜意识的相关联想来实现的。(　　)

3. 食用后对人体无益的色素和化学颜料，也可以成为烹饪色彩的基本色素。(　　)

4. 研究烹饪色彩，应以烹调前的色彩效果为准。(　　)

5. 近似色的配合效果比较鲜明强烈，富有变化。(　　)

6. 同一种色相的图案，若底色的色相和明度不同，则效果也不相同。(　　)

7. 暖色能使菜肴色彩的明度、饱和度增强。(　　)

8. 烹饪色彩能自然地引起味觉的条件发射和食欲的连锁反应。(　　)

9. 烹饪色彩的基本色素全部来自食用原料。(　　)

四、名词解释

1. 色相对比法

2. 调和对比法

五、简答题

1. 人们主要通过哪些途径认识色彩?

2. 什么是色彩的三原色?

3. 烹饪色彩的特点有哪些?

4. 什么是烹饪色彩的可变性?

六、论述题

1. 举例说明常用色剂在烹饪中的应用。

2. 结合实例说明烹饪色彩的 3 种搭配方法。

七、填表题

1. 请在下表中填写每种色彩对应的可使人直接联想到的事物及其象征意义。

色彩	直接联想到的事物	象征意义
白色		
黑色		
黄色		
绿色		
红色		

2. 请在下表中填写呈现出对应色彩的烹饪原料（各写 10 种原料）。

色彩	烹饪原料
白色	
红色	
黄色	
绿色	
黑色、褐色	

八、实训题

1. 准备各种颜色的彩色纸若干，用其中部分纸做成几张小纸片，再将其按配色的基本规律粘贴在不同的彩色纸上，比较配色效果并进行总结。

2. 在不同的彩色纸上放上不同的烹饪原料，例如，在白色纸上放上黄瓜、西红柿、苹果、茄子、胡萝卜，比较配色效果并进行总结。

3. 搜索符合下列要求的图片并进行临摹。

（1）暖色搭配：红、黄、橙。

（2）冷色搭配：蓝、紫、浅紫。

（3）同类色搭配：深蓝、湖蓝、浅蓝。

（4）近似色搭配：黄、绿、蓝。

第三章　烹饪图案的形式美与构图

一、填空题

1. ＿＿＿＿＿与＿＿＿＿＿是图案形式美的基本法则之一，也是图案中求得重心稳定的两种结构。

2. 形式美就是某一艺术作品揭示和表达了事物的＿＿＿＿＿和＿＿＿＿＿，展示了事物最恰当或最佳、最好的表现形式。

3. 在图案上，节奏是规律的＿＿＿＿＿，条理性与＿＿＿＿＿产生节奏感。

4. 根据不同的目的和用途，图案设计可采取动感较＿＿＿＿＿或静感较＿＿＿＿＿的不同构成方法。

5. 设计烹饪图案时必须处理好多样与统一的关系，要做到＿＿＿＿＿统一，＿＿＿＿＿变化，＿＿＿＿＿服从＿＿＿＿＿。

6. 对称在烹饪工艺造型中应用非常广泛，其形式有＿＿＿＿＿对称、上下对称、＿＿＿＿＿对称和＿＿＿＿＿对称等。

7. 在烹饪工艺造型中要掌握好＿＿＿＿＿、＿＿＿＿＿、＿＿＿＿＿之间的比例关系，这对烹饪图案制作有重要的作用。

8. 烹饪图案的多样是指烹饪图案中各个组成部分的多样性，它包括＿＿＿＿＿的多样和＿＿＿＿＿的多样。

二、单项选择题

1. 在烹饪造型中，应根据设计好的构图，有目的、有计划地选择所需原料，包括选择原料的色彩、部位、表面质地等。其中，(　　)的选择最为重要。

A. 色彩　　B. 部位　　C. 表面质地　　D. 形状

2. 下列选项中，不属于烹饪图案构图作用的是(　　)。

A. 预知整体效果，便于选择最佳方案

B. 便于选择原料，丰富色彩

C. 便于确定各种原料的刀工处理方法，方便造型

D. 便于确定烹调方式

3. 常见烹饪图案构图方法不包括（　　）。

A. 三角形构图　　B. 井字形构图　　C. 平面构图　　D. S 形构图

4. 点、线、面均有构图规则，其中点追求的是（　）。

A. 局部效果　　B. 分割效果　　C. 整体效果　　D. 对比效果

5. 构图的美学原则主要是对变化统一法则的运用，有些原则是倾向于稳定的，如（　　）。

A. 对称　　B. 对比　　C. 反衬　　D. 运动

三、判断题

1. 重复是将一个基本形反复进行无规则排列。（　　）
2. 构图要服从主题内容的要求。（　　）
3. 人们习惯上认为方形给人以完整的感觉，三角形给人以稳定的感觉。（　　）
4. 金字塔形构图给人虚实对比而又统一的韵律美。（　　）
5. 将原料均匀整齐地排列在盘中的构图方法给人以整洁、均衡的感觉。（　　）
6. 构图设计要突出主题，层次分明，有立体感。（　　）

四、名词解释

1. 烹饪图案中的对比

2. 构图的美学原则

五、简答题

1. 简述烹饪中三角形构图的运用。

2. 简述烹饪中 S 形构图的运用。

六、论述题

1. 为什么说多样统一是形式美必须遵循的法则?

2. 如何在烹饪造型中灵活运用形式美法则?

3. 多样统一、整齐一律、平衡、对称的美学特征各是什么?

七、实训题

请临摹以下图案，并总结每一个图案的特点，指出其体现了哪些形式美法则。

第四章　菜点造型艺术

一、填空题

1. 菜点造型是烹饪美学中的重要内容，属于＿＿＿＿＿的范畴。菜点造型既要遵循通用的＿＿＿＿＿，又要有＿＿＿＿＿作为保障。

2. 冷菜在我国南方多称冷盘或＿＿＿＿＿，在北方多称＿＿＿＿＿或＿＿＿＿＿。

3. 热菜造型可以分为＿＿＿＿＿、＿＿＿＿＿和＿＿＿＿＿。

4. 食品雕刻是对烹饪原料进行＿＿＿＿＿的一种烹饪活动。它把烹饪和＿＿＿＿＿有机地结合起来，使烹饪作品在具有食用性的同时，又具有＿＿＿＿＿。

5. 菜点的围边装饰是根据菜点的特点，给予必要和恰如其分的＿＿＿＿＿，以完善和提高菜点＿＿＿＿＿的一种有效手段。

6. 冷菜造型按制作工艺不同，主要分为＿＿＿＿＿造型和＿＿＿＿＿造型两类。

7. 主盘造型要求主题寓意美好，形象＿＿＿＿＿，色彩＿＿＿＿＿，富有艺术欣赏价值和较好的＿＿＿＿＿。

8. 围碟造型是能食用的简易造型冷盘，多以＿＿＿＿＿或＿＿＿＿＿为主，突出＿＿＿＿和口味，围在主盘周围。

二、单项选择题

1. 下列表述中，不正确的是（　　）。

A. 冷菜“孔雀开屏”显得高贵、热情，用于迎宾宴

B. 冷菜“喜上眉梢”“鸳鸯戏水”显得生动、喜庆，用于婚宴

C. 冷菜“松树”寓意长青不老，用于婚宴

D. 冷菜“金鱼”寓意年年有余，用于年夜饭

2. 冷菜美的基本要素不包含（　　）。

A. 立意美　　B. 色彩美　　C. 技术美　　D. 内在美

3. 不同的热菜给人带来不同的美好触感，如单一的嫩、滑、脆、松、软、酥、韧等，以及复合的软滑、软糯、软烂、绵软、脆嫩、外酥里嫩、韧中有脆等。这是热菜的（　　）。

A. 材质美　　B. 质地美　　C. 形态美　　D. 造型美

4. 下列选项中，属于围碟几何形态造型美学特征的是（　　）。

A. 简洁　　B. 对称　　C. 柔和　　D. 活泼

5. 下列食物中，不适宜作为雕刻原料的是（　　）。

A. 西瓜　　B. 鱼肉　　C. 萝卜　　D. 冬瓜

三、判断题

1. 食品雕刻是烹饪美学的一个主要表现方面，烹饪美学观贯穿于食品雕刻的全过程。（　　）

2. 写意雕刻一定是以规则的线条或几何体来组成抽象形象的一种雕刻手法。（　　）

3. 整雕的特点是依照实物，独立表现完整的形态，作品不需要辅助支持而是单独摆设，作品的每个角度都可以欣赏，生动的形象使人赏心悦目。（　　）

4. 食品雕刻以刀为“笔”，操作的最后成败，完全依赖于是否正确选用刻刀和刀法是否娴熟。（　　）

5. 食品雕刻不同于美术中的素描，但等同于泥塑。（　　）

四、名词解释

1. 围边装饰

2. 全围式花边

3. 整雕

4. 写意雕刻

五、简答题

1. 食品雕刻美的要素有哪些?

2. 食品雕刻的特点是什么?

3. 热菜造型美主要体现在哪些方面?

4. 冷菜立体式造型的要求有哪些?

5. 面点美的要素有哪些?

六、填表题

1. 请填写下列造型的具体形象和美学特征。

造型类型	具体形象	美学特征
几何造型		
动物造型		
植物造型		
建筑造型		

2. 请填写下列面点的常用工艺技法。

面点	工艺技法
孔雀饺、冠顶饺、蝴蝶饺	
佛手酥、刺猬酥	
鸳鸯酥、海棠酥、兰花饺	

七、实训题

请临摹以下图案，并总结每一个图案的特点。

第五章　饮食器具美学

一、填空题

1. 金属饮食器具是以金、__________、__________、__________等金属制作的饮食器具，它在我国漫长的饮食文化发展史中，曾经独领风骚数千年。

2. 玻璃饮食器具简约通透，能够呈现出食品别具一格的形与美，特别适宜用来搭配刺身、__________、__________、__________等。

3. 从材质的角度来看，中国饮食器具经历了__________时期、__________时期、__________时期、瓷器时期等不同时期的发展和变化。

4. 陶瓷是__________、__________和__________的总称。

5. 饮食器具在实用价值之外还有着重要的__________价值、情感价值和__________价值。

6. 饮食器具的形式美必须服从__________，使__________与之紧密结合，并为其服务。

7. 发挥盛器之美，应处理好盛器与__________的多样统一、盛器与__________的多样统一，以及盛器与__________的统一。

二、单项选择题

1. 下列瓷器中，属于象形瓷质盛器的是（　　）。

A. 圆形瓷器　　B. 三角形瓷器　　C. 白色瓷器　　D. 贝壳形瓷器

2. 中式饮食器具以瓷器为主，下列选项中（　　）不是我国主要的瓷器产地。

A. 景德镇　　B. 唐山　　C. 邯郸　　D. 天津

3. 与古代相比，现代中国饮食器具的发展变化表现在多个方面，其中不包括（　　）。

A. 造型的现代化　　B. 装饰的现代化　　C. 功能的现代化　　D. 材料的现代化

三、判断题

1. 饮食器具之美是烹饪艺术整体美的重要组成部分。　　（　　）

2. 饮食器具的形式美是可以超越其实用性的。（ ）

3. 同一菜肴使用不同造型、形状、色彩和图案的盛器会产生不同的审美效果。（ ）

4. 选用单色盛器时，如果一味追求盛器与菜肴的统一或对比，往往会造成色彩的单调呆板。（ ）

5. 菜肴与盛器之间应遵循“同质中求对比，对比中求同质”的原则。（ ）

四、简答题

1. 饮食器具的美学价值有哪些?

2. 饮食器具的美学原则表现在哪些方面?

五、论述题

请结合历史和现实中的实例，阐述陶瓷、金属、竹木、玻璃饮食器具的美学风格。